Verena Lutz

Marmorieren auf Stoffen und Papieren

Brunnen-Reihe 214

Christophorus-Verlag Freiburg

Einleitung

Die Technik, Marmorpapier herzustellen, ist uralt. Vor eineinhalb Jahrtausenden kam sie aus China in den nahen Orient, nach Persien und in die Türkei. Erst im 18. Jahrhundert gelangte sie nach Europa.
Die Grundsubstanz der Flüssigkeit ist Wasser, welches eingedickt wird. Die Chinesen nahmen Reiskleister, die Perser und die Türken Sude aus Meeresalgen oder Tang.
Die Zusammensetzung ist dort heute noch Werkstattgeheimnis. Im alten China und im vorderen Orient schuf man kunstvolle Papiere unter staatlicher Hofaufsicht, schrieb darauf Staatsverträge und andere wichtige Urkunden, denn jedes Blatt ist ein unwiederholbares Einzelstück mit charakteristischen Merkmalen.
Unkompliziert – ohne Chemikalien –, nur mit Tapetenkleister und Farbe habe ich das Problem gelöst. Somit wird es jedem möglich, sich an dieser anregenden Freizeitbeschäftigung zu erfreuen und schöne Ergebnisse zu erzielen. Mit gewonnener Eigenerfahrung wird es auch gelingen, kleine Kunstwerke herzustellen, die man getrost rahmen kann (siehe Seite 19 und 25). Gleichmäßigkeit, flächendeckende Bemusterung sollte es nicht in jedem Fall sein, die Herauslösung von Details aus der Marmoriertechnik als künstlerische Ausdrucksmöglichkeit, das ist der besondere Reiz dieser Arbeit.
Meine ersten Erfolge haben mich dazu ermutigt, mit Spaß und Freude weiterzumachen, auch nach immer wieder neuen Anwendungsmöglichkeiten zu suchen. Diese sind so vielseitig und können nach eigener Phantasie beliebig erweitert werden, vor allem, wenn man diese Technik auf Stoffen anwendet, was auch nicht schwer ist. Vielleicht ist gerade diese Feststellung das Beglückende bei dieser Tätigkeit.
Das Verfahren ist nicht sehr aufwendig, vor allem aber eine sinnvolle Bereicherung unserer Freizeit. Erstaunlich ist es, mit wieviel Eifer und Freude Kinder mitmachen und begeistert sind von ihren raschen Erfolgen. Auch ältere Menschen, die Zeit, Lust und Geduld haben, sind erstaunt darüber, wie sie bei diesen Arbeiten eigene kreative Fähigkeiten entdekken. Es wird kein bestimmtes Ziel gesetzt, man läßt sich jeweils vom Erfolg überraschen. Mit manch einem Ergebnis ist man anfangs nicht ganz zufrieden. Was schadet es? Ein Blatt Papier ist alles, was verloren ist. Ein erneuter Versuch bringt sicher etwas Brauchbares und sei es auch nur ein kleiner Ausschnitt vom Ganzen, der aber ausreicht, eine Karte oder einen kleinen Anhänger damit zu schmücken.
Wie man es macht und was sich aus den bemusterten Papieren und Stoffen herstellen läßt, das möchte ich in diesem Heft vorstellen.

Werkzeug
Eine flache *Plastikwanne* aus dem Fotofachgeschäft. Sie soll möglichst weiß sein, die Farbreaktionen sind darin am besten zu beobachten.
Medizinfläschchen aus Glas mit dichtem Verschluß; für jede Farbe ein *Schnapsgläschen* zum Anrühren der Farben mit einem *Pinsel.*
Ein *Haushaltsbrettchen,* mit Resopal beschichtet, das der Größe eines DIN-A4-Blattes entspricht.
Eine *Stricknadel,* ein spitzes *Holzstäbchen* oder eine *Stopfnadel,* die in einen Korken gesteckt wird, reichen als erstes Werkzeug aus, die schwimmenden Farbformen zu gestalten.
Ein grober *Metallkamm,* ein selbstangefertigter *Nadelkamm* oder ein kleiner *Rechen* (Kinderspielzeug) sind weitere Werkzeuge nach ersten Übungen.
Eine *Pipette* oder eine *Einweginjektionsspritze* (ohne Nadel) sind für größere Flächen günstig. Einen *Metallwinkel* und ein *Papierschneidemesser* brauchen wir für die Weiterverarbeitung.

Material

Künstler-Ölfarben, reines *Terpentinöl* und *Tapetenkleister.*
Klebestift (UHU stic) brauchen wir für die Weiterverarbeitung, ebenso UHU Alleskleber extra (tropffrei).
Papier: Für die ersten Proben ist die Verwendung von preisgünstigem, holzhaltigem *Schreibmaschinenpapier* (Abzugspost) zu empfehlen, es nimmt die Farbe problemlos an und bleibt nach dem Trocknen beinahe knitterfrei. Getöntes farbiges, auch *umweltfreundliches Papier,* mit entsprechender Kontrastfarbe marmoriert, kann sehr gut aussehen. *Papier vom großen Zeichenblock* wird später gebraucht, wenn für unsere Basteleien das kleine Format nicht mehr ausreicht. Sogar *Raufasertapete* läßt sich bemustern. Ein ganz besonderer Effekt entsteht durch die Unebenheiten auf der Oberfläche. Für Fortgeschrittene ist ein Versuch auf *Japan-* oder *gutem, holzfreiem Papier* interessant. *Seidenpapier* braucht man zum Bügeln des marmorierten Papiers oder Stoffes.
Stoffe: Zum Marmorieren eignen sich vor allem helle Gewebe aus Baumwolle, Leinen, Synthetik, Kunstseide und ganz besonders gut reine Seide.
Unglasierte *Keramik-Platten* sind in Bastelgeschäften erhältlich.

Arbeitsanleitung

Der Arbeitsplatz muß in der Nähe von fließendem Wasser sein. Am besten ist es, man belegt die ganze Arbeitsfläche mit einer dicken Zeitungsunterlage.
Der Tapetenkleister: Zunächst wird eine Lösung von Wasser und Tapetenkleister-Pulver sorgfältig angerührt. Auf einen Liter Wasser nehmen wir einen Eßlöffel gestrichen voll Kleister-Pulver. Wichtig ist: immer erst das Wasser in einen kleinen, sauberen Eimer einmessen, dann das Kleisterpulver unter kräftigem Rühren mit einem Schneebesen einstreuen. Diese Mischung läßt man am besten zwei Tage stehen und rührt gelegentlich immer wieder einmal um, damit die Kleistermasse schön gleichmäßig wird. Erst wenn sie richtig sämig und glasklar geworden ist, können wir sie in die bereitgestellte Schale gießen. Am besten eignet sich eine Fixierbad-Wanne, erhältlich im Fotogeschäft. Sie sollte die Größe haben, die man für die ersten Versuche mit DIN-A4-Bogen Schreibmaschinenpapier braucht.
Etwa 4 cm hoch sollte das Kleisterbad im Behälter stehen. Alle kleinen Luftblasen, die beim Einschütten entstehen, müssen sich vollständig aufgelöst haben.

Hartnäckige Bläschen kann man entfernen, indem man ein Stück Zeitungspapier auf das Bad auflegt und es flach über den Wannenrand wieder abzieht. Erst wenn die Oberfläche spiegelglatt ist, kann man mit der Arbeit fortfahren.
Die Farben: Ölfarben, wie sie die Kunstmaler verwenden, kaufen wir im Fachgeschäft. Am Anfang kauft man nur die Grundfarben: Schwarz, Weiß, Gelb, Rot und Blau. Die Farben lassen sich untereinander gut mischen oder mit Weiß aufhellen, das erlaubt fast alle Farbvariationen.

Einfachste Farbmischregel:
Gelb + Blau = Grün   Ocker + Blau = Moosgrün
Rot + Blau = Lila   Rot + Siena = Braun

Farbvorschläge zur Farbzusammenstellung:

Hellbraun Dunkelbraun Orange Gelb	Hellblau Dunkelblau Gelb Orange	Sattes Grün Helles Grün Rot Gelb	Schwarz Hellrot Orange	Schwarz Rot Hellblau

Geschenkkarten (Abb. Seite 5)
Die DIN-A4-Blätter, die wir anfangs angefertigt haben, sind vielleicht nur zum Teil verwendbar. Die bestgeratenen Motive daraus werden in der Größe von ca. 12 cm auf 9 cm, eventuell auch kleiner, ausgeschnitten. Mit einem Metallwinkel, einem Papierschneidemesser und der nötigen Sorgfalt ist das leicht zu schaffen. Ein Papierschneider, sofern er vorhanden ist, vereinfacht diesen Arbeitsgang sehr. Weiße Karteikarten DIN A5 (aus dem Papierhandel) werden in der Mitte gefalzt, die bunten Ausschnitte mit UHU stic gut bestrichen und auf die Karte aufgeklebt. Kleinere Buntpapierstücke lassen sich für Tischkarten oder Anhänger verwenden.

In Schnapsgläschen lassen sich die Farben mit einem Pinsel anrühren. Aber vorteilhafter ist es, sie in Medikamentenfläschchen anzusetzen, vorausgesetzt, diese sind aus Glas (kein Plastik) und haben einen gut dichtenden Verschluß. So läßt sich das Farbgemisch unbeschadet auch nach längerer Arbeitspause weiterverwenden.
Etwa 3 bis 4 cm Pastenstreifen jeder einzelnen Farbe wird jeweils in ein Fläschchen gedrückt und mit einigen Tropfen reinem Terpentinöl verdünnt. Die Fläschchen werden gut verschlossen und so lange geschüttelt, bis sich Farbe und Zusatz völlig vermischt haben. Die Farbe muß so dünn sein, daß sie tropffähig ist. Vorsichtshalber stellen wir diese Farbfläschchen in eine Pappschachtel; sie könnten ja umkippen und Unheil anrichten. Ölflecken sind nur mühsam zu entfernen.

Die Farben werden mit einem Trinkhalm auf den Kleister getropft. In jedes Gläschen stecken wir einen Halm, mit dem wir zunächst einen Probetropfen auf den Kleister fallen lassen. Wir beobachten nun, wie die Farbe reagiert. Läuft sie schnell und weit auseinander, dann ist sie zu sehr verdünnt, bleibt sie aber unbewegt als starrer Tropfen auf der Oberfläche stehen oder sinkt sie gar in den Kleister ein, dann braucht sie noch ein wenig mehr Terpentinöl. Richtig ist die Mischung, wenn sich der Farbklecks etwa um das Dreifache langsam ausdehnt.
Auch der Kleister kann beim ersten Mal zu dickflüssig geraten. In diesem Fall hilft Zugabe von Wasser, das man dann mit gespreizten Fingern in der Wanne gleichmäßig verrührt. Das Gefühl für die richtige Mischung von Kleister und Farben kommt nach einiger Übung ganz von selbst.

Das Auftragen der Farben und die Gestaltung

Die ersten verschiedenen Farbentupfer können nun auf den Kleister gebracht werden, wie vorn beschrieben. Mit einer Stricknadel, einem spitzen Holzstäbchen oder mit einer dicken Stopfnadel, die wir zuvor

mit dem Öhr in einen Korken gedrückt haben, versuchen wir nun, die gleitenden Farben in ein buntes Bild zu verwandeln: Vorsichtig ziehen wir das Stäbchen durch die Farbpunkte und sehen, wie sie sich geschmeidig führen und zu einem phantasievollen Schlierenbild verziehen lassen. Jedem bleibt selber

überlassen, wie er die Farben steuert. Ob er spiralenförmige, kreisrunde oder ganz eigenwillige Bewegungen vollzieht, irgendein farbiges Gebilde wird es ergeben. Auch hier gilt, daß jeder „Hobbykünstler" am besten durch eigene Erfahrung lernt, wie die Farbe auf seine Führung reagiert, und er wird schnell herausfinden, was er später verbessern kann.
Der Umgang mit Rechen und Nadelkamm ist der weitere Schritt, wenn man neue Effekte erzielen will.

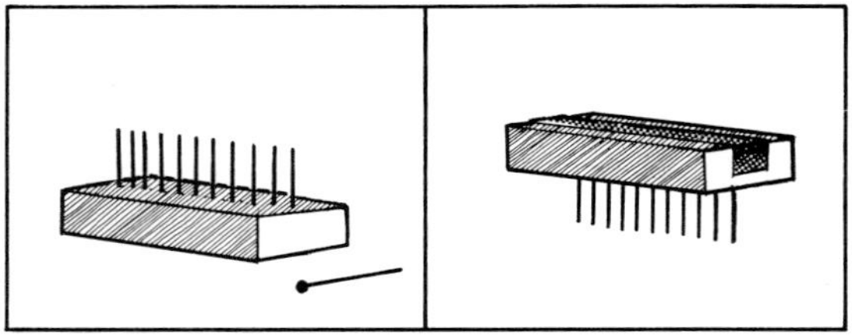

Nadelkamm
Durch einen Styroporblock (4 × 12 cm), den wir auf allen Seiten mit Plastikklebeband verkleidet haben, stecken wir im Abstand von ca. 1 cm eine Reihe langer Stecknadeln mit flachen Metallköpfen.
Jetzt überkleben wir die Nadelköpfe, um ein Zurückrutschen zu vermeiden. Soll der Kamm feiner sein, setzt man die Nadeln dichter zusammen.

Dosen schmücken (Abb. Seite 9)
Kleine leere Cremedosen mit glatter Oberfläche und einfacher Form lassen sich hübsch mit Marmorpapieren verkleiden.

Schnurdose: Aus einer kleinen leeren Kaffeebüchse mit Plastikdeckel läßt sich tatsächlich auch noch etwas Schönes und Nützliches herstellen. Nach sauberem Überkleben mit bemustertem Papier oder Stoff wird mittels einer sehr heißen Stricknadel ein Loch in die Mitte des Deckels gebohrt. In diese Dose wird eine Rolle Schnur gepackt, das Schnurende von innen durch die kleine Öffnung im Deckel gezogen, und schon ist aus der Wegwerfdose etwas Nützliches zum Verschenken geworden.

Schmuckbanddose: Es läßt sich ein etwas kostbarerer Behälter für Schmuckbänder basteln, indem man mit einem gut erhitzten Schraubenzieher einen der Bandbreite entsprechenden Schlitz in den Deckel brennt. Besonders hübsch sieht die Dose aus, wenn sie mit Seidenstoff bezogen und mit einer passenden Zierborte am oberen und unteren Rand versehen ist.

Behälter für kleine Dinge: Leere Streichholzschachteln (Anzahl ist beliebig groß) werden zu einem Block zusammengestellt. Mit einem tesafilm-Streifen umwickelt, hält der Stapel fest.
Nun wird er mit etwas festem Papier, danach mit Marmorpapier verkleidet, so auch die Rückseite des Ganzen. Die kleinen Schubfächer werden ebenfalls bunt beklebt und zum Schluß mit Klarsichtfolie überzogen. Angenähte Perlen ergeben die Handgriffe an den Minischubladen.
Knöpfe, Reißnägel, Stecknadeln und dergleichen lassen sich in diesem winzigen Möbel aufbewahren. Ein Geschenkvorschlag, der sich auch von Kindern verwirklichen läßt.

Papier marmorieren

Das Papier haben wir am Arbeitsplatz bereitgelegt. Der Bogen wird an den Schmalseiten angefaßt, die Daumen sind oben. Das nach unten durchgebogene

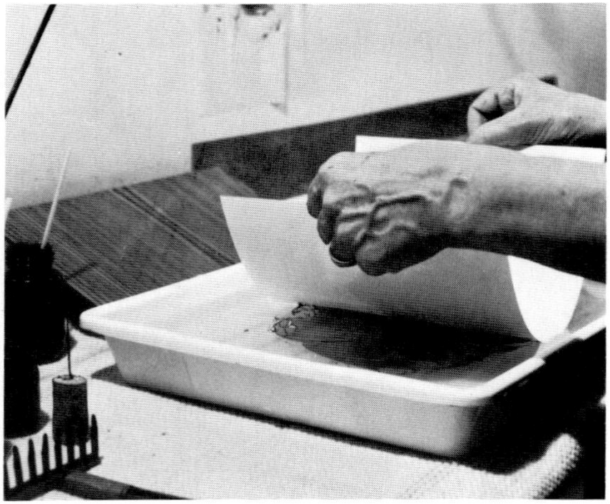

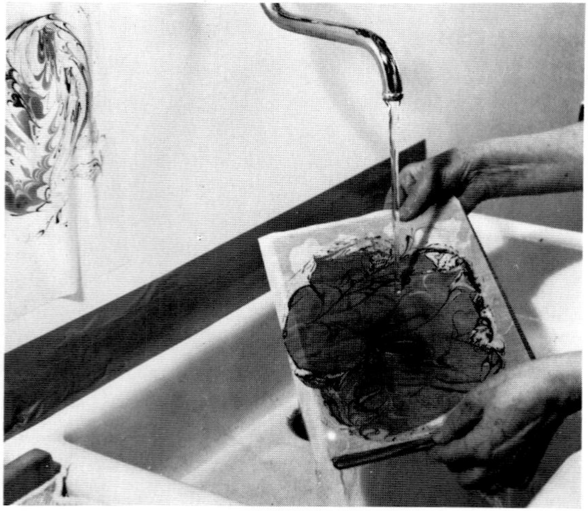

Blatt wird zuerst in der Mitte auf die Kleisteroberfläche aufgelegt, dann läßt man die beiden Seiten mit sanftem Druck auf den Kleistersud abgleiten, so daß sich keine Luftblasen bilden können. Mit der flachen Hand wird es nun leicht überstrichen.

Jetzt wird es spannend: das erste Kunstwerk wird enthüllt!

Das Papier wird an zwei Ecken angefaßt und hochgehoben, den anhaftenden Kleister lassen wir abtropfen und streifen ihn dann am Beckenrand ab. Das kleisternasse Blatt legen wir auf das Holz- oder Resopalbrettchen, das erleichtert das Abspülen unter fließendem Wasser.

Die gut abgewaschenen Kleisterbilder lassen sich am besten vortrocknen, indem man sie ganz einfach an die Wand-Platten am Waschbecken klebt. Zum völli-

gen Trocknen werden die Blätter dann auf einem Tuch oder auf Zeitungen ausgebreitet oder über die Wäscheleine gehängt.

Zum Schluß bügelt man die bunten Bogen zwischen zwei Seidenpapierlagen von beiden Seiten.

Die Farbrückstände auf dem Kleister lassen sich mit Zeitungspapier, das man auflegt und über dem Badrand abzieht, beseitigen. Danach ist der Kleistergrund für neue Experimente wieder brauchbar.

Stoffe marmorieren
Textilien haben dem Papier gegenüber einen großen Vorteil: Gewebe ist luftdurchlässig, die häßlichen Luftblasenflecken, die uns bei Papier so oft ärgern, sind so gut wie ausgeschlossen.
Mit dem kleinen Becken, das wir für unsere Papierversuche benützt haben, fangen wir an. Es können kleine Flickreste sein, die wir als Probestücke nehmen.
Das Abnehmen der Farbe mit Textilien erfolgt genauso wie mit Papier.
Der zurechtgeschnittene Stoff – er sollte nicht größer als ein Papierbogen sein – wird nach dem bereits beschriebenen Auftragen der Farben schön glatt auf den Kleister gelegt und mit der flachen Hand überstrichen, bis das Textilstück von der Kleisterflüssigkeit völlig durchdrungen ist. Jetzt wird das Gewebe gehoben und auf dem Brettchen unter fließendem Wasser abgespült.
Für längere oder größere Textilstücke suchen wir nach Behältern mit größerem Umfang, deren Oberfläche uns die Möglichkeit gibt, unsere Arbeit auszuweiten.
Große Pikierkästen aus Plastik gibt es im Gartenbaubetrieb oder im Kaufhaus. Sie eignen sich vorzüglich für die Marmoriertechnik.
Ein Blumenkasten-Untersetzer kann uns dienlich sein für längere Papier- oder Stoffstreifen, die sich für allerlei Basteleien weiterverarbeiten lassen.
Bei diesen größeren Arbeiten aus Textil ist es praktischer, wenn man das marmorierte Stück nicht wie das Papier abspült, sondern es in einen, mit kaltem Wasser gefüllten, bereitgestellten Eimer taucht. Keine Angst, dem „Kunstwerk" geschieht nichts! Gut durchgespült, wird es dann an der Leine zum Trocknen aufgehängt.
Wie das Papier, muß auch der Stoff von beiden Seiten zwischen Seidenpapierlagen gebügelt werden. Die Temperatur des Bügeleisens ist der Gewebequalität anzupassen.
Die marmorierte Seide, Kunstseide, Synthetikfaser, Baumwolle oder das Leinen sind waschbar. (Handwäsche in Feinwaschmittel).
Je größer das Stoffstück (für einen Schal, ein Kissen oder einen Lampenschirm) ist, um so größer muß auch die Wanne sein, um das Stoffstück in einem Gang zu marmorieren. Dafür helfen wir uns mit einem selbstgebauten Holzrahmen, der sich nach Belieben größer oder kleiner bzw. kürzer oder länger einstellen läßt.

Zum Bau dieses Rahmens braucht man:
4 Dachlatten, ca. 1 m lang
4 Flachwinkel aus dem Fachgeschäft (s. Zeichnung)

Anleitung:
An zwei Latten wird an den Enden je ein Winkel angeschraubt.
Der Abstand vom Lattenende bis zum Winkel entspricht genau der Lattenstärke, siehe Zeichnung rechts.
Die beiden Latten a und b lassen sich nun verschieben und den Rahmen auf die gewünschte Größe einstellen.
Eine starke Plastikfolie, wie man sie im Gartenbau für Pflanztunnel benutzt, wird in das „Becken" eingedrückt, am Rand umgeschlagen und mit Plastikklebefolie befestigt.
Jetzt schütten wir den vorbereiteten Kleister hinein. Die benötigte Menge läßt sich nach dem Inhalt der eingestellten Wannengröße berechnen. Eine schöne, große Fläche steht nun für anspruchsvollere Arbeiten zur Verfügung.

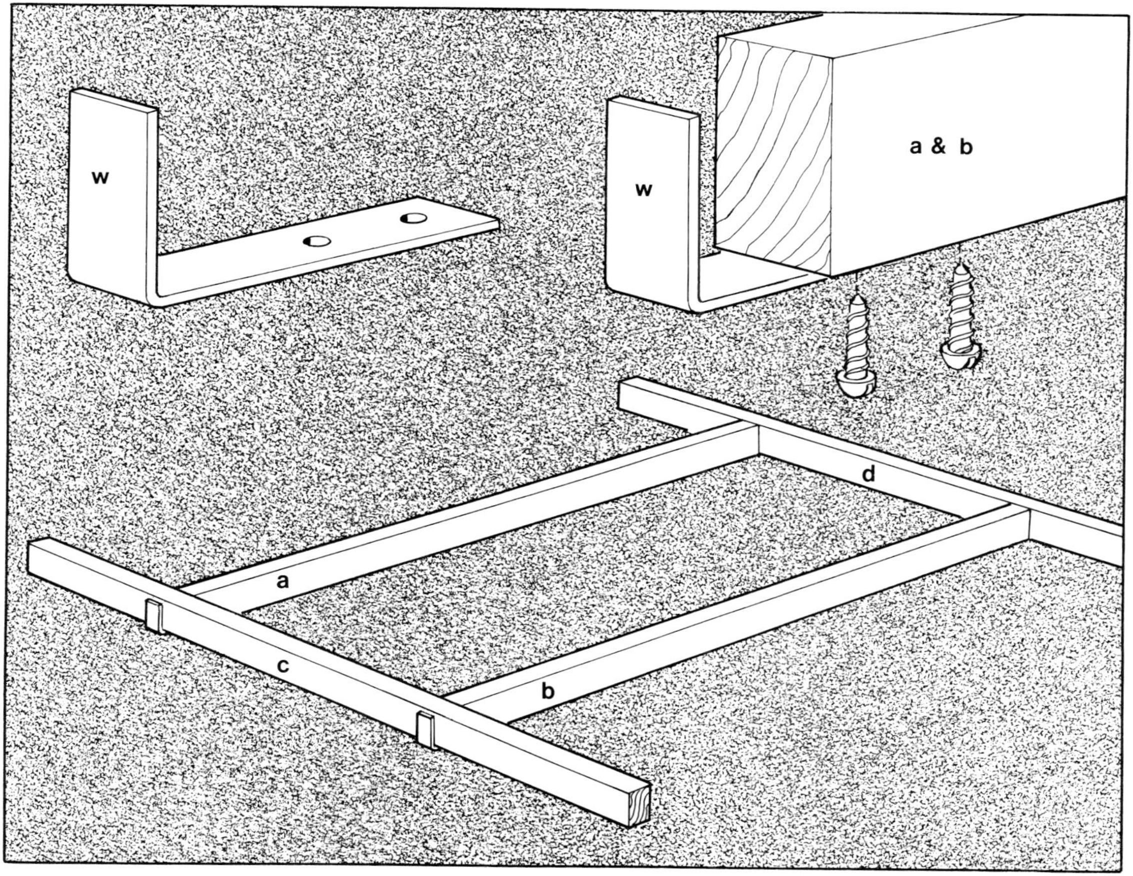

Dabei ist zu beachten, daß sich die Farbe, wenn sie auf dem Kleister aufgetropft ist, bewegt, ausdehnt und ohne Zutun weiter verändert. Es muß also recht zügig und ohne langes Zögern gearbeitet und das Gewebe möglichst schnell aufgelegt werden.
Eine große Hilfe dabei ist, wenn man vor Beginn der Arbeit den Stoff mit seitlich eingerollten Holzstäbchen versteift, so daß er sich gespannt auf das Bad auflegen läßt. Falten darf es nicht geben.

Zum Abschluß sei nochmals vermerkt, daß sich Farben und Kleister in gut verschlossenen Gefäßen über längere Zeit aufbewahren und dann weiterverarbeiten lassen.

Anwendungsmöglichkeiten

In unserer hochentwickelten Industrie-Gesellschaft, in der es für viel Geld alles zu kaufen gibt, ist es ein Privileg der Bastler, etwas verschenken zu können, was nirgendwo zu erwerben ist.

Kalender (Abb. 2. Umschlagseite)
Im Buch- und Papierhandel gibt es sogenannte Bastelkalender (freie Fläche nur mit Kalendarium) zu kaufen, für unsern Zweck also bestens geeignet. Jeder Monat bekommt ein passendes Bild, das entsprechend groß zugeschnitten und aufgeklebt wird.

Keramik-Platten marmorieren Abb. 2. Umschlagseite
Damit bietet sich eine weitere Möglichkeit an, etwas Praktisches herzustellen.
Im Bastelgeschäft gibt es die unglasierten Keramikkacheln mit matter Oberfläche, die die Farbe gut annimmt.
Man hält die Platte mit den Fingerspitzen an den Seitenrändern fest und läßt sie, den unteren Rand zuerst, langsam bis zur Oberkante auf die Farbe im Kleisterbad gleiten, ohne sie loszulassen.
Ist die Platte marmoriert, wird auch sie gut abgespült und zum Trocknen auf eine Zeitung gelegt.
Mit farblosem Lack überzogen, ist die Kachel (in einen Drahtrahmen gespannt) als Untersetzer zu verwenden. Sie läßt sich abwaschen und nimmt es auch nicht übel, wenn man einen heißen Topf daraufstellt.

Puzzlespiele (Abb. Seite 15)
Sie sind ein beliebter Zeitvertreib. Die Herstellung ist ganz einfach.
Ein gut gelungenes Marmorpapier wird auf einen Karton aufgezogen. Es ist zu beachten, daß die Fläche gleichmäßig mit UHU stic bestrichen ist, ehe man sie aufklebt und beschwert trocknen läßt. Es dürfen sich keine Luftbläschen zeigen.
Eine Klarsichtfolie stabilisiert das Bild. Die Rückseite bemalen wir mit einer Erkennungsfarbe.
Jetzt wird das Ganze mit dem Papierschneidemesser in beliebig große Teile zerschnitten.
Es ist unwahrscheinlich schwer, diese Tafeln wieder zusammenzusetzen.
Will man mehrere Bilder-Bogen, also ein mehrschichtiges Puzzlespiel basteln, eignet sich als Verpackung eine Pralinenschachtel. Diese wird natürlich auch mit Marmorpapier verkleidet.
Die Pralinenschachtel ist dann auch der Maßstab für die Größe unserer Bildtafeln.
Die zunächst zugeschnittenen Kartons müssen ganz locker in die Schachtel passen; einmal zerschnitten, brauchen sie nämlich mehr Platz. Diese Berücksichtigung erspart am Ende viel Ärger!
Ein exakt gearbeitetes Puzzlespiel ist dann ein ganz besonders originelles Geschenk für einen Raucher, wenn Streichholzschachteln mit den zurechtgeschnittenen Papierteilen beidseitig beklebt und in einer passenden Schachtel verpackt sind.

Die Struktur der marmorierten Stoffe zeigt hier, daß sich das Farbbild verschieden darstellt. Gebunden und kräftig wirkt die Farbe auf fein gewebter Seide (Abb. links), aufgelockert und leicht dagegen auf groberem Gewebe z. B. aus Synthetik, Leinen und Baumwolle (Abb. rechts). Es ist vor Beginn der Arbeit gut zu überlegen, welche Gewebeart für das geplante Werkstück am besten geeignet ist.

Lampenschirm (Abb. 2. Umschlagseite)
Verschiedene Formen von Lampenschirmen:
Der *zylinderförmige* Schirm, der untere Umfang ist dem oberen gleich.
Beim *konischen* Schirm ist der untere Reif größer als der obere.
Ein Lampenschirm-Drahtgestell in beliebiger Form (aus dem Bastelgeschäft) wird den Stäben entlang mit dünnem Baumwollband dicht umwickelt. Bei einem weißlackierten Gestell ist diese Maßnahme nur am oberen und unteren Rand nötig.

Konischer Lampenschirm
Wollen wir diesen Lampenschirm mit einem glatten Bezug überspannen, dann muß erst ein genaues Schnittmuster aus Papier angefertigt werden.
Wie bei der Zeichnung angegeben, ziehen wir auf einem großen Packpapierbogen zunächst eine waagrechte Linie und markieren darauf den Durchmesser des großen Schirmreifes: Punkt A und B.
In der Mitte dieser Geraden ziehen wir im rechten Winkel eine Linie nach oben und zeichnen die Höhe des Schirmes ein (Punkt C und D).
Dieser Punkt D ist die Mitte einer weiteren waagrechten Linie. Sie entspricht in der Länge dem oberen Schirmdurchmesser (Punkte E und F).
Mit einem Lineal werden nun die Punkte A und E auf der einen Seite und die Punkte B und F auf der anderen Seite verbunden und die Linien nach oben verlängert, bis sie sich kreuzen: Punkt G.
Mit einem Zirkel, den man bei Punkt G einsticht, den Stift auf Punkt E setzt (1), zeichnet man eine Bogenlinie. Deren Länge soll dem Umfang des oberen Reifes entsprechen (Punkt H).
Der Zirkel bleibt auf Punkt G eingestochen, der Stift beschreibt eine parallele Bogenlinie von Punkt A ausgehend (2). Sie hat die Länge des Umfangs des großen unteren Schirmreifes (Punkt I).
Punkt H und I werden verbunden. An dieser Linie wird ca. 1 cm Nahtzugabe zugerechnet.Das ausgeschnittene Muster muß genau auf den Schirm passen.
Der Bezug wird nun, zuerst das Innenfutter, dann der marmorierte Stoff mit Nahtzugabe zugeschnitten und, wie schon erklärt, fertiggestellt.
Ein Lampenschirm kann auch mit einem oben eingekräuselten Bezug angefertigt werden.
Der Umfang des großen Reifes ergibt die Längsseite, die Höhe der Lampe die Schmalseite eines zugeschnittenen Rechteckes. Die Seitennaht wird geschlossen und der Bezug unten glatt, oben gerafft angenäht.

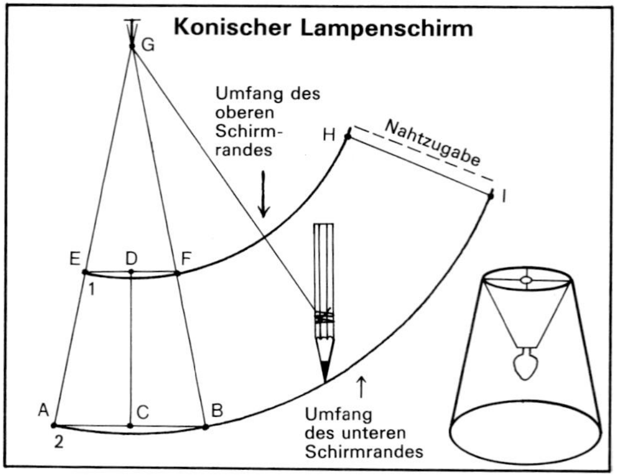

Anwendung des Behelfszirkels:
Bei Punkt G wird eine Stecknadel oder ein kleiner Nagel eingestochen, ein Bleistift an einen starken Faden gebunden, dessen Ende mehrmals um die Nadel gewickelt und dicht auf dem Papier festgehalten wird, während der Stift von Punkt A aus die Bogenlinie einzeichnet. Der Faden muß sehr straff gespannt und der Bleistift immer senkrecht geführt werden.

Bilder als Zimmerschmuck
(Abb. rechts und Seite 25)
Mitunter gelingt ein Blatt so gut und makellos, daß es sich lohnt, es einzurahmen.

Zylindrischer Lampenschirm

Bei einer zylinderförmigen Form mißt man zunächst Umfang und Höhe des Schirmes.

Das sind dann die Maße für das zuzuschneidende Rechteck. Ein Muster sollte aus Papier geschnitten und zur Probe über den Schirm gelegt werden. Mit Stecknadeln läßt es sich an dem umwickelten Draht oben und unten festheften. Jetzt stellt man fest, wie groß die Nahtzugabe beim Zuschneiden des Stoffes sein muß.

Für das Futter des Schirmes wählen wir einen dünnen, lichtdurchlässigen Nylonstoff.

Ist das gerichtete Rechteck zusammengenäht und die Naht schön auseinandergebügelt, wird die Naht nach außen gekehrt und das Schirmfutter über das Drahtgestell gezogen. Straff gespannt wird es nun am oberen und unteren Reif so angenäht, daß der schmal umgelegte Saum nach außen liegt. In gleicher Weise verfährt man dann mit dem marmorierten Seidenstoff. Es braucht kein sehr teures Material zu sein, Batikseide erfüllt den gleichen Zweck. Genauso wie schon das Futter, wird auch der äußere Bezug angefertigt. Die Seitennaht und die kleinen Säume werden jetzt nach innen umgelegt, so daß der Lampenschirm von beiden Seiten – innen und außen – versäubert ist. Die Nahtkanten oben und unten werden mit einer Borte überdeckt.

Kissen (Abb. Seite 21)

Die Kissenplatte fertigen wir aus einem besonders gelungenen marmorierten Stoffstück 43 × 43 cm. Die Farben können genau auf Gardinen, Polstermöbel usw. abgestimmt werden.

Die Rückseite des Kissens kann unifarben belassen werden. Beide Kissenteile werden nun zusammengenäht und die Nähte mit Zickzackstich auf der Maschine versäubert.

Eine Seite wird zunächst offen gelassen und ein Reißverschluß eingearbeitet.

Notizblock einbinden (Abb. Seite 23)

Dies soll keine Buchbindereiarbeit sein; wir wollen nur einem bescheiden wirkenden Notizblock zu einem netten Aussehen verhelfen und ihn als kleines Geschenk herrichten.

Wir kaufen einen unlinierten Notizblock, der an der oberen Kante mit einem Leinenband zusammengeheftet ist. Die auf der Rückseite angebrachte Pappe sowie evtl. Deckblatt schneiden wir dem Band entlang ab.

Der Block wird wie folgt ausgemessen: Zweimal die Längsseite plus Block-Rückenbreite (sie ist genau zu messen), das Schmalseitenmaß ergibt die Rechteckbreite. Dazu kommen 3 mm Zugabe an allen Seiten. Der Blockdeckel soll ja etwas überstehen.

Zunächst ermitteln wir die genaue Mitte des Kartonrechtecks, das wir nach den festgestellten Maßen zurechtgeschnitten haben. **Achtung**: Bitte immer mit dem Winkel arbeiten!

Von der Mittellinie aus nach rechts und nach links, genau hälftig, wird die Rückenbreite des Blocks eingezeichnet und mit dem Messer an einem Lineal entlang eingeritzt, so daß sich die Pappe knicken läßt. Jetzt müßte der Block bereits in den vorbereiteten Deckel passen.

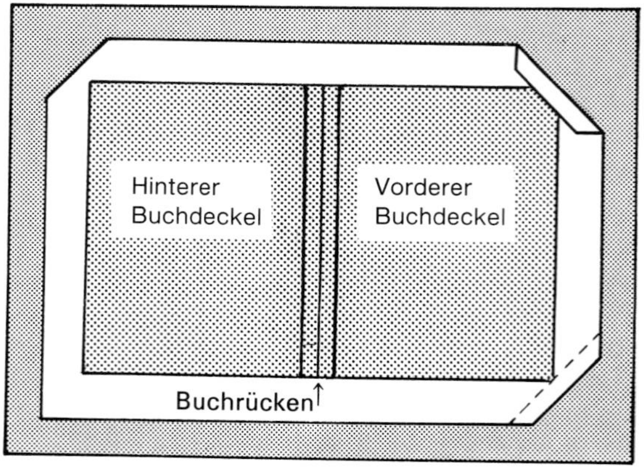

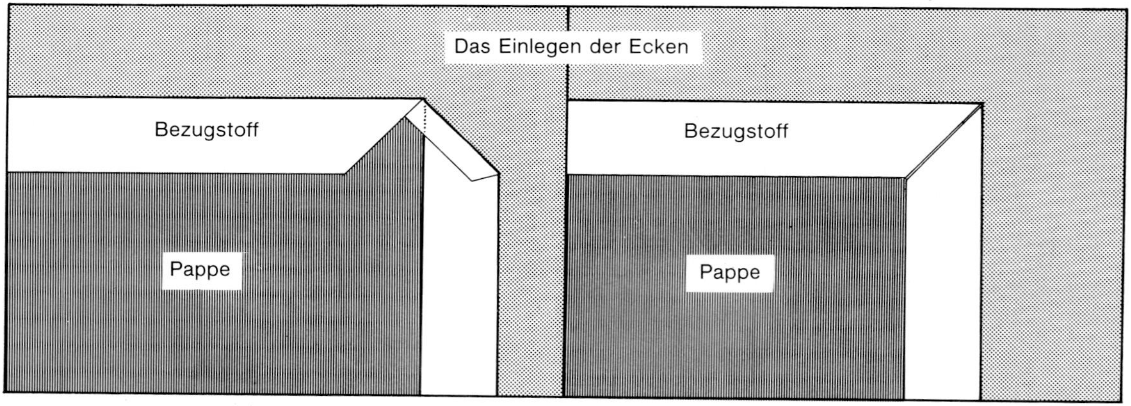

Eine dünne Schaumstoffeinlage wird passend zur Vorder- und Rückseite geschnitten und auf die beiden Einbanddeckel mit UHU stic leicht aufgeklebt. Der Blockrücken bleibt ungepolstert.

Der marmorierte Bezugsstoff (das kann Synthetik, Baumwolle oder Seide sein) wird rundherum etwa 4 cm größer als der aufgeklappte Blockdeckel zugeschnitten.

In den Blockdeckelrücken wird auf der Innenseite ein schmaler Stoffstreifen eingeklebt. Das bewirkt, daß sich später der eingelegte Block besser anschmiegt und sich auch besser festkleben läßt.

Auf der Außenseite wird der Blockdeckelrücken mit UHU Alleskleber extra (tropffrei) bestrichen. Mit der bunten Seite nach unten liegt das marmorierte Stoffrechteck für den Einband bereit. Der Karton wird möglichst fadengerade daraufgelegt und der mit Klebstoff versehene Rückenstreifen gut angedrückt. Der gepolsterte Karton liegt nun mit festgeklebtem Rücken auf dem Gewebe, das ringsum ca. 4 cm breit vorsteht.

Die Stoffecken werden nun (wie in der Zeichnung gezeigt) abgeschnitten. Die Ränder der Pappe werden mit einem etwa 3 cm breiten Klebstoffrand versehen, die Schnittkanten der Ecken eingelegt und der auf allen vier Seiten überstehende Stoff nach innen über die Pappe gelegt und straffgezogen eingeklebt. Zwischen zwei Holzbrettchen, gut beschwert, läßt man diese Hülle aufgeklappt erst gut trocknen.

Mit exakt zugeschnittenen Karteikarten beklebt man die Innenseiten des Einbanddeckels. Ein schmaler Rand des bunten Einbandes sollte an den Rändern sichtbar bleiben. Das Abdeckblatt reicht bis zum Rückenfalz. Der Leinenrücken des Blockes und der Einbandrücken werden mit UHU Alleskleber extra (tropffrei) eingestrichen. Der Block wird in den fertiggestellten Einband eingelegt und fest angedrückt. Es ist darauf zu achten, daß der Block gerade und genau in der Mitte eingepaßt liegt, so daß die vorstehenden Kanten rundum gleichmäßig breit sind. Der Block wird nun geschlossen und bis zum völligen Trocknen beschwert. Sollte ein kleiner Schraubstock zur Verfügung stehen, wäre ein Einspannen darin natürlich noch besser.

Zum Schluß wird ein weißes Leinenklebeband 2 cm breit in den Falz zwischen Einband und Block eingeklebt, um die Verbindungsstelle zu festigen.

Kleines Kosmetik-Täschchen
Zwei Rechtecke werden gleichgroß zugeschnitten, einmal aus marmoriertem und einmal aus einfarbigem Stoff als Futter.
Als Zwischeneinlage kann man Vlieseline auf den Stoff aufbügeln, das macht das Täschchen formschöner. Auch die beiden kleinen Seitenteile werden doppelt zugeschnitten, sie sollen nicht versteift werden. Mit Heftstichen näht man nun den Beutel zusammen und faßt danach alle die offenen Kanten mit einem Ripsseidenband, das farblich gut zu dem Marmormuster paßt, rundum ein.
Am Deckel wird in der Mitte eine kleine Schlinge, an der Tasche der passende Knopf angebracht.

Näh- oder Strickzeugbehälter (Zeichnung Seite 28)
Eine niedrige, runde Waschmitteltonne, deren Plastikhenkel man sofort entfernt, wird mit Stoff überzogen, nachdem man die genauen Maße dafür abgenommen hat. Man rechnet 2 × die Höhe und eine Zugabe von ca. 8 cm plus den Umfang.
Am besten eignet sich für diese Arbeit ein dehnbarer Synthetikstoff. Der Schlauch kann knapper genäht und die Tonne besser in den Bezug eingeschoben werden.
Das Futter kann mit Seitentaschen ausgestattet werden.
Der wulstige obere Rand des Behälters wird innen mit einem Streifen doppelseitigem Klebeband ausgelegt, so daß der Bezug schön straff befestigt werden kann. Der ganze Bezug wird zu einem Schlauch zusammengenäht, die Tonne hineingeschoben und das Futterteil nach innen eingeschlagen. Danach wird der Stoff am Klebeband gut angedrückt. Das Futter darf kleine Fältchen haben, es wird mit Klebstoff (UHU stic) oder Klebeband am unteren Rand direkt über dem Boden festgehalten. Der überstehende Stoff (ca. 3 cm) liegt nun rund um die Bodenfläche. Mit einer von Futterstoff überzogenen Pappscheibe, deren Durchmesser vorher zu berechnen ist, wird der Boden der Tonne ausgelegt. Sicher ist es gut, wenn man sie, ehe man sie in den Behälter einschiebt, auf der Unterseite mit etwas UHU stic einstreicht und beschwert, bis sie richtig festsitzt.
Mit dem äußeren Bodenteil verfährt man ähnlich. Der am unteren Rand der Tonne überstehende Stoff (auch ca. 3 cm) wird mit einem starken Faden ringsum mit großen Stichen eingekräuselt und soweit es geht zusammengezogen. Nun wird genau wie die innere Bodenfläche, auch hier mit einer überzogenen Pappscheibe, die richtig satt am wulstigen Rand eingeklemmt wird, der unschöne Stoffrand zugedeckt.
Wir ergänzen nun die Tonne mit einem Henkel. Dazu überziehen wir steifes Gürtelband mit Stoff und nähen dieses etwa 5 cm von der Oberkante des Behälters entfernt an zwei gegenüberliegenden Stellen mit starkem Faden gut fest. Dabei durchstechen wir auch die Pappe.
Die Henkelenden, sowie auch die vielleicht sichtbaren Nähstiche, die beim Umnähen des Marmorgewebes entstehen, werden zum Schluß mit einer Zierborte überdeckt.
Den Verschluß unserer Nähbox arbeiten wir aus einem marmorierten Stoffstreifen. Er ist ca. 18 cm breit, die Länge entspricht dem Umfang der Papptrommel plus Nahtzugabe. Die Schmalkanten des Stoffstreifens nähen wir mit doppelter Naht zusammen. Eine Stoffkante für den Kordeldurchzug breit nach links umschlagen und säumen. Eine zweite Naht bildet die Führung für das Zugband, das von außen durch zwei Ösen eingezogen wird. Es ist ratsam, die zwei sich gegenüber liegenden Öffnungen für das Zugband einzuarbeiten, bevor der Saum festgenäht wird. Die untere Stoffkante schmal säumen und etwa 2 cm unterhalb des inneren Tonnenrandes festnähen. In die Kordelenden ist jeweils eine Holzperle eingeknotet.

Rechteckiges Nähkästchen (Abb. Seite 25)

Das Kästchen läßt sich beliebig groß herstellen. Es ist zu beachten, daß die Maße der Teile A, B und C genau gleich und die Verschlußklappen-Teile je halb so groß sind. Die beiden Quadrate D und E richten sich dann nach den jeweiligen Maßen.

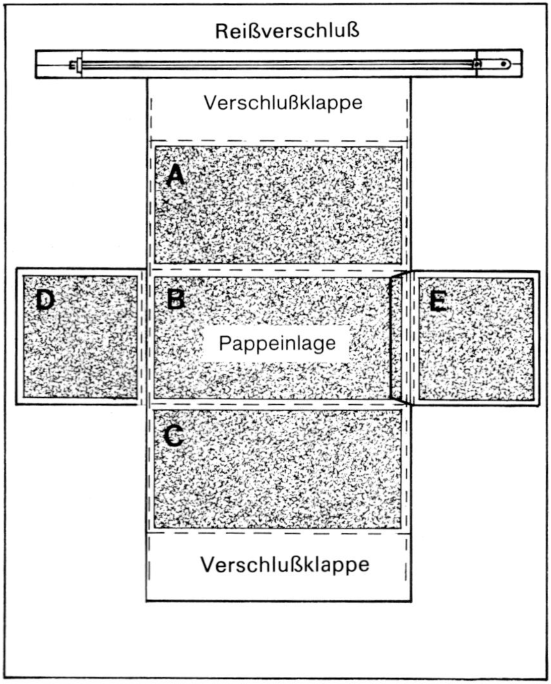

Alle Teile werden mit einer Nahtzugabe von 1 cm geschnitten.

Die beiden Quadrate (Teile D und E) näht man jedes zuerst rechte auf rechte Seite mit dem Futter zusammen, eine Seite bleibt offen. Nach dem Wenden wird ein passend zugerichtetes Stück Pappe eingeschoben, die Nahtzugabe bleibt unversteift. Das große Rechteck wird an den Längsseiten 1 cm breit umgeheftet, das Futter ebenso. Beide Teile nähen wir nun mit Heftfaden aufeinander und schieben dabei die bereits versteiften Stirnteile in der Verlängerung des Bodens zwischen Oberstoff und Futter ein (s. Zeichnung). Die Längsseiten, die wir vorgeheftet haben, werden nun mit der Nähmaschine abgesteppt und dabei die Teile D und E am Bodenteil befestigt.

Jetzt wird der Bodenkarton eingeschoben und beidseitig von einer Steppnaht festgehalten. Ebenso verfährt man mit den Teilen A und C. Die eingeschobenen Pappstücke werden eng an die Bodennaht angelegt und eingenäht.

Ehe wir nun das Kästchen zusammenbauen, wird zwischen die beiden Deckelkanten ein Reißverschluß eingearbeitet, der länger als die Kanten sein muß, da sich das Kästchen sonst nicht ganz öffnen läßt. Die Reißverschlußenden werden mit Leder- oder Kunstlederstückchen besetzt.

Die Teile D und E werden hochgeklappt und von Hand mit den Kanten der Teile A und C vernäht.

An vier kleinen Gardinenringen, die an den Verschlußklappen angenäht sind, werden die abgesteppten Stoffbändchen als Henkel befestigt.

Schals (Abb. Seite 27)

Hier ist es wichtig, daß uns ein Kleisterbad in der erforderlichen Länge zur Verfügung steht.

Mit dem vorgeschlagenen Holzrahmen auf Seite 12 dürfte das möglich sein.

Der erste Versuch sollte nicht mit einem sehr kostbaren Gewebe gemacht werden, Erfahrungen sammeln ist wichtig!

Schallänge ca. 1,20 m, Breite ca. 0,30 m. Die 1-m-Wanne reicht trotzdem, denn die Schalenden sollen ohne Muster bleiben. Um das zu erreichen, decken wir an beiden Enden den Stoff mit breitem Plastikklebeband beidseitig ab, versteifen die End-

stücke mit einem eingerollten Holzstäbchen in Schalbreite, das mit tesafilm festgehalten wird.
Ist die gewünschte Farbe auf den Kleister aufgetragen und zu einem schönen Gebilde verzogen, wird der vorbereitete Schal an beiden Seiten angefaßt und ganz glatt aufgelegt.
In wenigen Minuten wird sich herausstellen, ob der nächste Schal bereits aus Seide marmoriert werden kann.
In den bereitgestellten Eimer mit kaltem Wasser versenken wir zunächst den Schal. Klebeband und Hölzchen werden erst nach dem ersten Spülen abgenommen, damit die Schalenden auch wirklich unbefleckt bleiben. Im Notfall lassen sich Farbflekken jetzt noch mit Terpentin entfernen, nach dem Ausbügeln ist das kaum mehr möglich.
Die langen Seiten werden jetzt mit einem feinen, ganz schmalen Säumchen versehen, nachdem die Enden etwa 1 cm breit ausgefranst worden sind.

Teenager-Tasche (Abb. 4. Umschlagseite)
Für diese Arbeit nehmen wir einen etwas derberen Stoff. Leinen eignet sich dafür recht gut.
Die Tasche kann in beliebiger Größe hergestellt werden. Es ist vorteilhaft, das benötigte Gewebe an einem Stück zu marmorieren, d.h. Vorder- und Rückseite zugleich, damit das Muster einheitlich wird.
Die Tasche wird zusammengenäht, abgefüttert und eventuell das Futter mit einer Innentasche versehen.
Am unteren Rand wird die Kante offen gelassen, ausgefranst und abgesteppt.
Die Seitennähte werden mit einer hübschen Kordel (auf der Abbildung ist es eine Makramee-Kordel) umnäht, die gleichzeitig als Tragband dient.

Blusen (Abb. Seite 29)
Auf die verschiedensten Arten lassen sich Blusen ausschmücken.
Die Abbildung zeigt ein Modell, bei dem die Ärmel und der Kragen marmoriert sind.
Die Arbeitsanleitung zu diversen Blusen kann man sich als fertige Schnittmuster kaufen.
Hier z.B. sind die weiten Ärmel nach dem Zuschnitt, ehe man mit Nähen begonnen hat, marmoriert worden.
Vorteilhaft ist dabei eine große Wanne, wie man sie auch zur Herstellung von Schals braucht. Darin werden beide Ärmel gleichzeitig, d.h. mit einem Farbauftrag nebeneinander gelegt, um so zwei, in der Struktur ähnliche Muster zu erreichen.
Der Kragen bei der vorgestellten Bluse besteht aus einem einfach geradegeschnittenen Schal, der um den Halsausschnitt drapiert wird.
Beispielsweise kann eine Bluse mit buntem Koller, Stehkragen und Ärmelbündchen gefertigt werden.
Ein weiterer Vorschlag: ein Russenkittel. Über die Ärmel und um die vorderen Verschlußkanten näht man die aus marmoriertem Stoff geschnittenen Streifen als Borten auf.

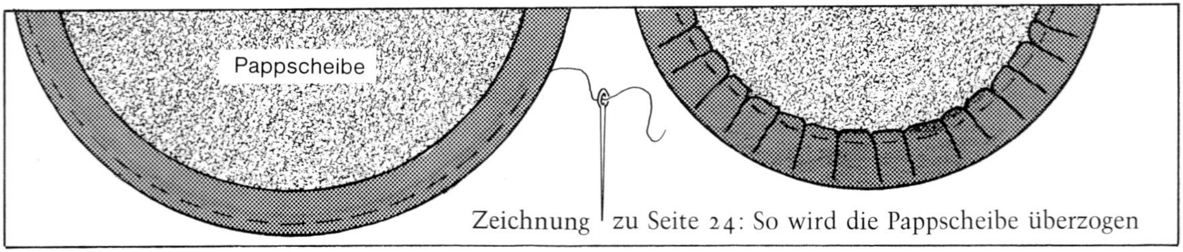

Zeichnung zu Seite 24: So wird die Pappscheibe überzogen

Ostereier (Abb. Seite 31) *als Schmuck für den Osterstrauß:*
Haselnuß- und Forsythien-Zweige oder erstes Grün einer Birke sind Frühlingsboten, die sich, mit bunten Eiern behangen, zu einer Osterüberraschung herausputzen lassen.
Wir nehmen ausgeblasene Eier. Die beiden Öffnungen, die beim Ausblasen entstanden sind, werden mit kleinen, weißen Gewebeklebeband-Stückchen verschlossen.
Am stumpfen Eiende schneiden wir ein winziges Loch in den Aufkleber, gerade so groß, daß man ein dünnes Holzstäbchen oder eine Stricknadel hineinschieben kann. Jetzt haben wir ein Ei am Stiel!
So vorbereitet, so möchte man glauben, sollte das Marmorieren beginnen können, aber Eier nehmen die Farbe wohl an, haben jedoch nach dem Trokkenwerden immer wieder weiße Flecken. Das läßt sich mit etwas Aufwand, wie in der Folge beschrieben, beheben.
Bei einem Maler besorgt man sich einen kleinen Rest (etwa ½ Liter) Binderfarbe. Die Menge richtet sich nach der Anzahl der Eier, die marmoriert werden sollen. In einem Einmachglas mit Schraubdekkel läßt sich die Farbe längere Zeit aufbewahren, wenn obenauf etwa 1 cm hoch Wasser steht.
Nun werden unsere aufgespießten Eier mit Binderfarbe leicht übermalt und zum Trocknen mit dem Stiel nach unten in ein passendes Gefäß gestellt oder auf eine dicke Styropor-Platte eingesteckt. Die Eier sollten sich gegenseitig nicht berühren.
Inzwischen richten wir das Kleisterbad in einem Behälter, der ungefähr einen Durchmesser von 10 cm hat und ebenso hoch ist. Ein ausgedientes Sterilisierglas ist gut geeignet.
Die Farbe wird aufgetragen und verzogen. Jetzt wird das inzwischen gut getrocknete Ei langsam in das Glas getaucht, so tief, bis es ganz vom Kleister bedeckt ist.
Nach dem Abspülen wird es wieder wie vorher zum Trocknen gestellt.
Sitzt das Ei gut auf dem Stäbchen fest, läßt es sich während des Eintauchens leicht drehen. Dabei entsteht dann ein hübsches, spiralenförmiges Muster.
Die Eier können, wenn man sie glänzend haben möchte, mit einem farblosen Lack überzogen werden.
Erst einige Stunden später werden die Stäbchen vorsichtig herausgezogen. Wir sehen nun, daß die Eier schön bunt und ohne weiße Flecken sind.
In die kleine Öffnung kommt nun der Aufhänger.
Eine entsprechend große Fadenschlinge wird in der Mitte eines etwa 2 cm langen Streichholzstückchens geknotet, das Hölzchen längsseits in das kleine Loch geschoben, und schon hält der Aufhänger fest.
Weniger Vorbereitungen sind zu treffen, wenn man sich aus dem Bastelgeschäft Styroporeier kauft. Es gibt sie in verschiedenen Größen. Diese lassen sich, auch aufgespießt, ohne Binderfarbenanstrich marmorieren. Lackiert dürfen diese Eier nicht werden. Der Lack zerfrißt die Oberfläche.
Den Aufhänger bringen wir an, indem wir ein wenig Leim in das verbliebene kleine Loch streichen und die Fadenschlinge mit einem Streichholz hineindrücken. Das Hölzchen wird dann dicht am Ei abgeschnitten, es hält den Faden fest.
Jeder „Osterhase" kann seine Phantasie auch hier walten lassen, jedes Ei wird eine neue Überraschung bringen.

Die Deutsche Bibliothek –
CIP-Einheitsaufnahme

Marmorieren auf Stoffen und Papieren:
Verena Lutz. – 5. Aufl. –
Freiburg im Breisgau:
Christophorus-Verlag, 1992
(Brunnen-Reihe; 214)
ISBN 3-419-52514-1
NE: GT

Fotos: Alfred Kutschera
Zeichnungen: Lajos Jobbagy
Herstellung: Freiburger Graphische Betriebe 1992